AF248117

4° S
2279

POISSONS

DES COTES D'ESPAGNE ET DE PORTUGAL

(Océan Atlantique)

PAR

ADOLPHE CLIGNY

Agrégé, docteur ès-sciences

Sous-directeur de la Station Aquicole de Boulogne-sur-Mer

PREMIÈRE PARTIE

Les chalutiers à vapeur de Boulogne étendent continuellement leur aire d'activité, et au cours de l'année 1903, certains d'entre eux ont pratiqué la pêche sur les côtes d'Espagne dans les parages de la Corogne ; il s'y rencontraient d'ailleurs avec des chalutiers anglais et allemands. C'est entre le cap Ortegal et le cap Finisterre, en dehors de la limite des eaux territoriales et plus généralement sur les fonds de 75 à 150 brasses qu'ils ont travaillé ; sauf indications contraires c'est de cette zone que proviennent les individus dont nous nous occuperons, et il est difficile en général de préciser davantage leur origine à cause de l'incertitude des renseignements obtenus. Les pêcheurs nous ont remis très volontiers les espèces que nous leur demandions, ou qui avaient frappé leur curiosité ; et dans le nombre, certaines nous ont paru dignes de retenir l'attention soit que leur présence dans ces eaux fut inconnue jusqu'à ce jour, soit que leur rareté ou l'insuffisance des descriptions fit désirer des renseignements complémentaires.

Nous nous proposons de publier bientôt une liste de la faune ichthyologique de ces parages pour amender ou compléter les listes classiques de Steindachner, Brito Capello, Albert Girard, etc. ; mais nous n'avons pas voulu attendre jusque là pour signaler certains poissons curieux qui feront l'objet de ce mémoire et de quelques autres.

Pterycombus bramà, FRIES.

Pterycombus brama. — FRIES. *Vet. Akad. Handl f. 1837 p. 14 tab. II.* Stockholm (1838). — NILSSON. Pterycombus Brama. *Skand. Fauna Fiskarna p. 124-128.* Lund 1852. — LILLJEBORG. *Inbjudningsskrift till Upsala Univers. Fest. 1864.* — ESMARK. Bidrag til Finmarkens Fiskefauna. *Forh. Skand. Naturf.* Christiania 1868 (1869). — COLLETT. Norges Fiske. *Tillægs. til Vidensk Selsk. Forh. f. 1874* Christiania (1875). — COLLETT. Meddelelser om Norges Fiske 1875. Christiania (1880). — LUTKEN. Spolia Atlantica. *Vid. Selsk Skr. Vol. XII. p. 501-502.* Copenhague 1880. — COLLETT. *Nyt Mag. f. Naturv. Vol 29-1884.* Christiania (1885). — LILLJEBORG. Sveriges och Norges Fauna Fiskarna p. 290-298 Upsala 1891. — SMITT. Skandinavian Fishes. p. 72. 1892. — COLLETT. *Bergens Museums Aaarborg* 1896.

Brama sp. — GOODE et BEAN. Deep sea Fishes of the Atlantic Basin. p. 210 1896.

Brama sp. (jeune) — DAY. British Fishes I. p. 114. 1880-1884.

Cette espéce extrêmement rare n'est connue jusqu'à ce jour que par un très petit nombre d'exemplaires qui, sauf une exception bien curieuse, proviennent tous des côtes Norwégiennes, et se trouvent presque tous conservés dans les collections scandinaves.

Le dernier mémoire publié sur cette espèce, à notre connaissance, est une note de Collett (om *Pterycombus Brama.* Fries) parue en 1896 dans le Bergens Museums Aarborg (n° VI): elle énumère tous les exemplaires connus avec leur origine et leur situation actuelle.

	Hammerfest	vers 1834	(mutilé)	Riks Mus. Stockholm
	Altenfjord	vers 1837		En France
	Finmark	vers 1861		Bergens Muséum
	»	vers 1861	(squelette)	Université de Christiania
Côte de Finmark....	»	vers 1861	(mutilé)	Musée d'Upsal
	»	vers 1861	(mutilé)	?
	Varangerfjord	vers 1861	(mutilé)	Université de Christiania
	»	29 octobre 1866		»
	Hammerfest	28 novem. 1877		Musée de Tromsö
Côte de Tromsö......	Nord-Reisen	octobre 1895		Musée de Stuttgart
Côte de Nordland....	Alderen	avril 1895		Musée de Trondhjem
Côte de Bergen	Bergen	1861		Bergens Muséum
Côte sud de Norwège	Egersund	1880		Musée de Stavanger

au total 13 exemplaires ; il y faut joindre un jeune individu long de 22 millimètres, décrit par Lutken et trouvé dans l'estomac d'un albacore (*thunnus alalonga*) en plein Atlantique par 8° N-24° W (Greenwich ?) Cet individu serait au musée de Copenhague.

Nous avons donc été très heureux de recevoir le 22 juillet 1903, deux exemplaires de *Pterycombus brama* capturés quelques jours auparavant dans les parages de la Corogne par 100 brasses de fond environ et pris en même temps, l'un sur l'autre, dans le même coup de chalut. Ces individus étaient en parfait état à cela près que les rayons de la dorsale et de l'anale étaient brisés à une certaine distance et que la membrane de ces nageoires était complètement déchiquetée. Ils mesurent l'un 50 centimètres de long et l'autre 52 ; ils sont, par conséquent, plus grands que les 9 exemplaires examinés par Collett (370–465 millimètres).

Nous aurons peu de choses à ajouter ou corriger aux excellentes descriptions de Fries, de Nilsson, de Lilljeborg, de Collett et de Smitt. La planche donnée par Collett (1896) est également très bonne dans ses contours généraux, préférable à celle de Smitt (d'après Fries et Wright) en ce qu'elle indique mieux l'amincissement du corps en arrière, et le profil demi circulaire de l'avant entre le début de la dorsale et celui de l'anale. Nous aurons pourtant quelques réserves à faire. Les planches indiquent bien le contour sinueux des écailles qui recouvrent les côtés du corps et notamment la curieuse encoche du limbe qui lui permet de s'accrocher au nucléus de l'écaille suivante ; mais sur nos exemplaires le corps présente à première vue un aspect tout différent et très instructif. Les écailles devaient être revêtues sur le frais d'un glacis argenté peu solide, dont il ne reste plus de trace qu'aux aisselles des pectorales. Ce pigment étant enlevé, les écailles deviennent fort transparentes, leur bord libre se voit à peine surtout quand elles sont imbibées du liquide conservateur, et le corps apparaît découpé en losanges aigus par deux séries de lignes très droites et équidistantes : la première série est presque transversale, mais un peu oblique pourtant dans une direction antero-inférieure, postero-supérieure, l'autre est encore plus inclinée vers le haut et l'arrière. Chaque losange correspond à la base d'une écaille. L'écaille comprend en effet une partie basilaire robuste et un limbe très mince, foliacé. La partie basilaire occupe le losange très élevé, très aigu et très étroit que nous avons dit ; sur une écaille des flancs, non des plus grandes, elle mesure 39 millimètres pour sa grande diagonale et 7 millimètres pour la petite ; elle est épaisse et rigide sur son bord antérieur. Un sillon large ($2^{m}/_{m}$) et profond court sur la face externe parallèlement à ce bord et un peu en arrière ; le reste du losange est occupé par une haute protubérance charnue à laquelle vient s'accoler étroitement le talon du limbe. Ces protubérances se distinguent d'autant mieux sous la transparence des écailles que les chairs ont jauni sous l'action du formol, et ce sont ces triangles jaunâtres qui frappent tout d'abord le regard, plus que la disposition des losanges, bien plus que les contours vrais des écailles. Le nucléus de l'écaille se trouve au milieu du bord antérieur du triangle, il forme un crochet robuste et émoussé qui surplombe le canal basilaire et s'incline vers la tête pour agrafer le bord libre de l'écaille précédente. Le limbe proprement dit est très mince dans sa partie flottante et beaucoup plus haut que large ; on pourrait donc reprendre pour cette écaille la description que Cuvier a donnée de celles de *Brama raii* : « l'écaille entière représente un stylet ver- » tical qui porterait en son milieu une lame mince en demi ellipse deux ou » trois fois plus haute que large ». Seulement dans *Pterycombus brama*, le limbe est imparfaitement elliptique car le contour en est sinueux. On y distingue deux lobes principaux dont la séparation est marquée par une encoche assez profonde, la même où s'appuie le crochet nucléaire de l'écaille suivante ; les deux lobes principaux se subdivisent chacun en deux par une ondulation du contour. Le limbe est couvert de stries fines et nombreuses (une centaine au moins) qui rayonnent autour du nucléus mais avec un parcours légèrement flexueux. D'autre part on distingue aussi les stries d'accroissement particulièrement nettes au voisinage du talon dans la partie recouverte de l'écaille, là où l'usure est forcément moindre ; un grand nombre de pores arrondis ou ovales se voient sur le limbe, certains d'entre eux au moins, le traversant de part en part. Le bord de l'écaille est finement déchiqueté ou dentelé.

Le sillon qui suit le bord antérieur de chaque écaille est recouvert par la précédente, et forme ainsi un canal imparfaitement clos qui communique avec les voisins, de sorte qu'il existe à la surface du corps une circulation réticulée que l'eau parcourt très librement. La disposition que nous venons de décrire s'applique à la majeure partie du corps, mais les deux rangées supérieures et inférieures (non compris la muraille protectrice des nageoires), sont de formes plus basses et moins régulières. Nous comptons vers le milieu de la longueur du corps 12 rangs d'écailles typiques (soit 16 rangées au total) dans le sens transversal, mais de nouvelles files d'écailles viennent s'intercaler successivement et régulièrement vers le haut et le bas quand on approche du museau ; la figure de Smitt présente à tort une disposition inverse, c'est-à-dire une diminution dans le nombre des rangées longitudinales. Suivant la ligne latérale et à partir de l'angle supérieur du battant operculaire, on compte 55 écailles environ jusqu'au début de l'écaillure caudale. Les écailles qui couvrent la base de la caudale sont peu élevées et assez longues, les dernières étant en forme de lancette ; celles de la nuque, des joues et de la gorge, sont arrondies ou polygonales, à peine plus hautes que larges, mais elles présentent toujours par transparence la protubérance charnue qui leur sert de matrice, et révèlent certainement la même structure que les écailles des flancs.

Il faut noter en passant que l'écaillure se poursuit entre les lèvres inférieures sur l'espace jugulaire, que le rayon interne et élargi des nageoires ventrales est recouvert par une file d'écailles ; enfin au bord externe des mêmes nageoires, il existe une très longue écaille dont la base est recouverte par deux écailles moins longues ; le dessin de Collett est assez inexact sur ce point.

L'une des caractéristiques essentielles du genre *Pterycombus* (et du genre très voisin *Pteraclis*) c'est la singulière protection des nageoires dorsale et anale ; au lieu d'être revêtues d'écailles comme celle des *Bramidés sensu stricto* elles restent nues et d'autant plus fragiles que les rayons en sont assez grêles et extrêmement élevés, que la membrane en est très mince ; mais de chaque côté s'élève comme une muraille une file de hautes et robustes écailles, et l'ensemble protège un sillon qui reçoit la base des nageoires. Chacune de ces écailles est recouverte dans sa moitié antérieure par celle qui la précède et une faible dépression de la partie couverte reçoit la partie couvrante. Les écailles portent sur leurs bords libres des stries d'accroissement très nettes. Le sillon dorsal commence sur un de nos individus au-dessus du centre de l'œil ou même un peu en avant, sur l'autre vers le quart postérieur de l'orbite, un peu en avant par conséquent du point indiqué par Smitt (bord postérieur de l'orbite), en arrière du point correspondant chez *Pteraclis ocellatus* d'après Cuvier (sur le bout même du museau en avant de l'œil); les deux ou trois écailles antérieures sont encore semblables à celles qui couvrent la nuque, mais elles flanquent la ligne médio-dorsale au lieu de la chevaucher ; ensuite viennent 51 ou 52 écailles dressées typiques (fin-covers de Smitt) qui vont en croissant jusqu'à la vingtième environ et décroissent ensuite très lentement en même temps qu'elles se couchent progressivement en arrière.

Le sillon anal est limité par 42 paires d'écailles dressées : il commence plus en arrière que ne l'indique la planche de Collett ; en effet l'anus se trouve juste entre les pointes des ventrales et l'anale ne commence forcément qu'un peu plus loin. Il est visible que cette planche est un peu erronée pour l'arrière de l'anale où les dernières grandes écailles sont figurées comme indépendantes du corps. Le tronçon caudal est aussi mal représenté ; en réalité les lignes du dos et du ventre deviennent subitement presque horizontales après la fin des nageoires impaires et le tronçon caudal dans sa partie libre est presque rectangulaire : il s'élargit ensuite notablement pour l'insertion de la nageoire caudale. Nous critiquerons encore sur la même planche, le brusque ressaut de la lèvre inférieure; sur nos individus cette région est telle que la bouche étant fermée le profil devient tout à fait circulaire. Le bord inférieur du préopercule dans nos spécimens est complètement privé d'écailles et parsemé de pores comme le figure Smitt, mais on n'y voit pas la ligne que représente son dessin et qui diviserait ce bord en deux parties. Les pectorales ont perdu la membrane d'union, et les rayons s'en sont peut-être légèrement écartés, néanmoins il nous semble que ces nageoires doivent être plus larges à la base et surtout au milieu que les auteurs ne les représentent; il n'y a en effet que 4 ou 5 rayons qui aillent jusqu'au bout de la nageoire, les suivants étant déjà beaucoup plus courts.

Au texte de Smitt nous objecterons les remarques suivantes : il y a bien plusieurs rangées de dents fines et crochues à l'intermaxillaire et à la mandibule, mais la plus externe paraît seule fonctionnelle toutes les autres dents étant couchées : nous n'avons pas observé les dents vomériennes et palatines qu'on observe chez *Pteraclis*, mais il ne serait pas impossible qu'il en existât de pareilles dans le *Pterycombus* jeune. La langue est également privée de dents, mais les dents pharyngiennes nous ont paru notablement développées : il y a bien sept rayons branchiostèges. Nous n'avons point observé la dépression nuchale indiquée par Smitt ni les crêtes élevées sur la machoire inférieure ; il est même peu probable que ces dernières aient existé antérieurement, ou bien elles n'auraient point laissé de trace, alors que sur les grands specimens de *Beryx* que nous avons entre les mains, ces crêtes demeurent extrêmement apparentes même quand elles sont complètement arasées.

Au point de vue des rayons branchiostèges et des rayons de nageoires, nos individus répondent aux formules suivantes :

$$\text{Br} : 7 - \text{D} : ? - \text{A} : 42 - \text{P} : 20 - \text{V} : 1 + 5$$
$$\text{Br} : 7 - \text{D} : 42 - \text{A} : 40 - \text{P} : 19 - \text{V} : 1 + 5$$

Nous avons dit que les rayons des nageoires dorsale et anale sont brisés; le tronçon le plus long correspond au 6ᵉ rayon de l'anale et mesure seulement 72 millimètres alors qu'il devrait avoir le double s'il était complet.

Pour les principales dimensions du corps, nous reproduirons en le complétant le tableau de Collett.

	LONGUEUR totale	LONGUEUR moins la caudale	HAUTEUR du corps sans les écailles dressées	LONGUEUR de la tête	
Varangerfjord 1866	370ᵐ/ᵐ	295ᵐ/ᵐ	121ᵐ/ᵐ	75ᵐ/ᵐ	Mus. Christiania
» (1861).........	370	298	120	75	»
Nordland 1895	375	290	143	83	Mus. Trondjhdem
Hammerfest 1877	380	293	117	77	Mus. Tromsö
Finmark (1861).........	395	320	130	80	Mus. Bergen
Egersund 1880	410	315	150	88	Mus. Stavanger
Bergen 1861	411	318	137	85	Mus. Bergen
Nord Reisen 1895	455	340	175	90	Mus. Stuttgart
Finmarken (1861).........	465	339	160	100	Mus. Christiania
La Corogne 1903	500	363	184	111	Stat. Aq. Boulogne
La Corogne 1903	520	»	186	108	»

Nous donnerons en outre, quelques dimensions en rapprochant à titre d'indication et entre crochets, les chiffres relevés par Collett sur l'exemplaire du Musée de Trondhjem qu'il a plus particulièrement étudié :

Du bout du museau au fond de la caudale : 400-» [323].

Hauteur du corps y compris les écailles des nageoires 203-206 [158].

Epaisseur maxima du corps 78-81.

Diamètre de l'orbite 45-48 [32].

Espace intérorbitaire 43-38.

Espace postorbitaire 45-47 [35].

Longueur du maxillaire 67-65 [42].

Longueur de la pectorale 101-102 [86].

Longueur de la ventrale 27-27 [24].

Nous n'avons pu examiner l'anatomie, ni même les viscères de ces précieux spécimens et nous renvoyons au mémoire de Collett qui donne d'intéressants détails sur le squelette si curieux de *Pterycombus brama* : le simple aspect extérieur et particulièrement la forme des écailles montrent qu'il s'agit d'une espèce très archaïque que Lutken a pu justement comparer aux *Lépido-*

pleurini. Parmi les formes actuelles, elle se rapproche étroitement du genre *Pteraclis*, dont elle diffère surtout par la taille et par l'absence des dents palatines ou vomériennes : on pourrait même être tenté de fusionner les deux genres. La différence tirée par Smitt de la hauteur des nageoires impaires ne s'explique que parce que ses prédécesseurs et lui ont examiné surtout des spécimens mutilés de *Pterycombus* ; en revanche il est exact que le corps de *Pteraclis ocellatus* est plus allongé (hauteur du corps 3 dixièmes de la longueur totale au lieu de 4 dixièmes) et plus aplati (épaisseur du corps 1 vingtième de la longueur totale au lieu de 3 vingtièmes). A un moindre degré, mais de façon très étroite encore le *Pterycombus* est apparenté au genre *Brama*, et il convient de rappeler que dans les jeunes *Bramides*, on observe de façon transitoire le curieux crochet nucléaire des écailles qui assure la rigidité du revêtement écailleux : on peut citer encore comme un caractère primitif commun à ces formes et aux plus anciens *Percomorphes*, le développement des muscles sur le sommet de la tête entre les orbites. A beaucoup d'égards *Pterycombus* paraît plus primitif que *Brama* : mais Smitt remarque que dans le genre *Brama* la nageoire dorsale s'avance progressivement vers la tête à mesure que le poisson vieillit et il en déduit que les stades les plus primitifs devaient avoir la dorsale la plus reculée ; à cet égard *Pterycombus* et surtout *Pteraclis* seraient moins primitifs que *Brama* : nous remarquerons en sens inverse que chez *Astrodermus* la dorsale s'avance beaucoup plus en avant que chez *Luvarus* qui en est l'adulte : c'est là sans doute un problème dont la solution sera immédiate quand on connaîtra les stades jeunes de *Pterycombus*.

Nous n'insisterons pas sur la singulière erreur de Day qui fait du *Pterycombus* un jeune de *Brama* : il est trop évident que tous les exemplaires connus sont adultes, sauf celui de Lutken ; le plus petit des exemplaires étudiés par Collett (Varangerfjord 1866) était un mâle avec des testicules très développés.

Nous supposons que nos individus sont de sexes différents car beaucoup d'espèces qui vivent isolément voyagent ainsi en couples ; mais rien dans leur aspect ne permet de vérifier cette conjecture.

G. **Epigonus** Rafinesque.

Epigonus. — Rafinesque. Indice Ittiol. Sicil. 64, 1810. Jordan et Evermann. Check list of North American fishes. *Commissioner's Report for 1895 (1896)* — Les auteurs américains en général.

Pomatomus. — Risso (nec Lacépède) Ichthyologie de Nice 1810 — Les AUTEURS EUROPÉENS en général.

Epigonus telescopus Risso.

Pomatomus telescopus. — Risso. Ichthyologie de Nice p. 301, Pl. IX, fig. 31, 1810 — Risso. Hist. Nat. Prod. Eur. Mérid p. 387; 1826 — Lowe. Catalogue des Poissons de Madère. *Proc. Zool. Soc. London p. 91 ; 1843 —* Bonaparte. Catal. metod. n° 488 — Brito Capello. Peixes de Portugal V. 1880 — Moreau. Hist. Nat. Poissons II ; p. 386 ; 1881 — Vaillant. Expéd. scient. Travailleur et Talisman p. 376 ; 1888.

Pomatomus telescopium. — Cuvier et Valenciennes. Hist. nat. poissons II ; p. 171 Pl. XXIV et VI ; p. 459 — Cuvier. Règne animal illustré Pl. VII ; fig. I. — Guichenot Explor. Alger. Poissons p. 32 ; 1850 — Valenciennes in Webb et Berthelot. Hist. Nat. Canaries p. 6; pl. 1 ; 1836-44 — Gunther. Cat. fishes Brit. Mus. 1; p. 250 — Canestrini. Fauna italica p. 179. Holt. *Proc. Roy. Dublin Soc. VII ; p. 121* — Holt et Calderwood. *Scient. trans. Roy. Dublin Soc. V; p. 405; pl. XLII. 1895.*

Epigonus macrophthalmus. — Rafinesque. loc. cit. 1810.

Epigonus telescopus. — Jordan et Evermann loc. cit. — Goode et Bean. Deep sea fishes Atlant. Basin p. 232.

Pomatomus Cuvieri. — Cocco. *Giorn Sci. de Sicilia VII; p. 143 ; 1829.*

Ce poisson, découvert dans la Méditerranée par Risso, fut décrit par lui en 1810 et rattaché au genre *Pomatomus* que Lacépède venait de créer : en réalité Lacépède avait donné ce nom à un scomberoïde cosmopolite fort anciennement connu et déjà signalé par Linné, le *Pomatomus saltator* ou *saltatrix*, le *Temnodon saltator* des naturalistes européens : les américains ont conservé légitimement à ce scomberoïde le nom générique de Lacépède et par conséquent il ne peut être conservé pour l'espèce de Risso qui n'a rien de commun avec lui; les lois de la priorité lui assignent le nom de *Epigonus* qui lui a été donné par Rafinesque-Schmaltz vers le moment où Risso publiait son Ichthyologie de Nice.

Le poisson qui nous occupe est très rare dans la Méditerranée, ou du moins il y est rarement capturé car il habite les eaux profondes où l'on ne pêche guère. Moreau estime qu'il y est confiné car il n'avait jamais été signalé ailleurs à sa connaissance. Pourtant Lowe l'avait trouvé à Madère. Valenciennes l'avait décrit dans la faune des îles Canaries et il mentionnait aussi sa présence à Ste-Hélène d'après un dessin de Rob. Seale. Enfin de

Brito Capello le cite dans la faune portugaise. Ultérieurement Vaillant l'a retrouvé dans les récoltes du Travailleur et du Talisman. A une date plus récente, le 4 juillet 1890, Holt l'a trouvé dans les eaux anglaises à 20 milles au large d'Achill Head (comté de Mayo — Irlande.) par 144 brasses de fond. Son habitat comprend par conséquent tout ou partie de la Méditerranée et la région Est de l'Atlantique entre l'Irlande et Sainte-Hélène. Nos chalutiers en ont pris à chaque voyage quelques exemplaires depuis le mois de février, et un jour de septembre 1903, nous en avons vu vendre à la Halle de Boulogne au moins cinquante individus en un seul lot.

Il fréquente des profondeurs relativement médiocres, une centaine de brasses environ, mais c'est là visiblement la limite supérieure de son habitat car tout dans son aspect dénote un poisson des grands fonds et notamment ses yeux énormes extrèmement phosphorescents ; de plus les diverses captures signalées par les auteurs, correspondent toutes à des profondeurs plus grandes.

Presque tous les individus que nous avons vus mesurent de 50 à 60 centimètres ; ils sont presque complètement privés de leurs écailles, sauf sur la tète, les nageoires et la ligne latérale ; leur couleur est toujours d'un violet foncé.

Les descriptions classiques sont généralement satisfaisantes et nous renvoyons à celle de Moreau sous les réserves suivantes : il y a de petites écailles jusque sur le maxillaire supérieur du moins à sa partie postérieure, et sur la membrane jugulaire sauf naturellement dans les replis; l'espace interorbitaire est absolument plan et ne présente pas la dépression signalée par Moreau, Holt & Calderwood. Günther et après lui (d'après lui peut-être) Goode & Bean assurent que l'*Epigonus telescopus* est privé de dents palatines, et ces derniers font même de leur absence le caractère du genre *Epigonus* : Moreau redresse avec raison cette erreur car les dents palatines sont très nettes; pareillement le vomer est denté de l'aveu de tous les auteurs (l'*Epigonus occidentalis* de Goode et Bean serait donc une bonne espèce puisqu'il a le vomer et les palatins inermes). Le bord inférieur du sous-orbitaire n'est pas convexe comme le dit Moreau, mais sinueux: cet os recouvre en arrière l'extrémité postérieure du sous-maxillaire. La machoire supérieure se termine en arrière sous le tiers antérieur de l'œil. L'opercule présente deux échancrures avec une forte pointe entre les deux: au-dessus de l'échancrure supérieure une autre pointe assez forte et une pointe accessoire. Le préopercule présente à sa partie inférieure un très grand lobe arrondi, dont les bords sont striés et dont la surface externe est recouverte de très nombreux canaux muqueux. Sur le premier arc branchial on compte 27 appendices lamelleux

(gill rakers) dont 9 pour la branche supérieure et 18 pour la branche inférieure, les deux premiers de cette branche étant fort petits. La ligne latérale
est assez voisine de la ligne dorsale ; pourtant sur la queue, elle gagne assez
brusquement la mi-hauteur ; le dessin des écailles donné par Holt et
Calderwood est très exact.

Le péritoine est noir comme la muqueuse buccale et la membrane
branchiostège. Le foie est très petit, la vésicule biliaire est assez grande,
52^m/^{m} de long sur un individu de 55 cent. ; 40^m/^{m} sur un individu de 60 c. ;
sur ce dernier l'estomac mesurait 12 cent. de long, 3,5 de large et le duodénum
s'insérait latéralement à 4 cent. 5 au-dessus du fond. Nous avons compté 30-35
appendices pyloriques, alors que Cuvier et Valenciennes, Holt et Calderwood
en comptent 22 et Moreau 10 seulement. La vessie natatoire est grande, close,
simple, non étranglée, non bifide aux extrémités.

Les individus disséqués étaient des femelles aux ovaires volumineux.
Les œufs paraissent murs et se détachent d'eux-mêmes en août et septembre
La ponte avait peut-être commencé déjà depuis quelque temps : d'après
Valenciennes cette espèce pond en novembre à Ste-Hélène : d'après Canes-
trini elle pondrait au printemps dans la Méditerranée.

Dans l'estomac, nous avons trouvé des poissons assez petits, partiellement
digérés.

Le squelette de l'*Epigonus* présente quelques particularités intéressantes
sur lesquelles nous reviendrons plus tard ; sur le squelette préparé nous
comptons 25 (11+14) vertèbres, alors que Vaillant en a trouvé 27 (12+15).

Les deux premières ne possèdent que des côtes simples assez grèles et
presque horizontales qui s'appuient à la base de l'arcade neurale ; la 3e vertèbre possède déjà une paire de côtes robustes qui s'appuient assez haut sur
le corps vertébral, dans une fossette, et sans pleurapophyses. A cette côte,
s'appuie une autre côte plus grèle qui se dirige plus horizontalement et plus
vers l'arrière : son point d'appui se trouve à quelques millimètres de la tête
de la côte principale, en haut d'un sillon que forme le bord postérieur de
cette dernière. La même disposition se retrouve aux vertèbres suivantes : à
la 5e il y a déjà des pleurapophyses très développées, mais c'est seulement à
partir de la 6e que les côtes vraies s'articulent au bout de ces pleurapophyses :
les côtes des 7e et 8e paires sont encore robustes dans leur région proximale,
la 10e paire est déjà très grèle quoique longue, la 11e est très réduite en
longueur et épaisseur. La première vertèbre caudale porte des pleurapophyses dirigées en bas et en dehors mais fort étalées, de sorte qu'elles
viennent rejoindre vers l'arrière l'arcade hémale de la vertèbre suivante : il
en résulte un complexe en forme de comble.

L'*Épigonus telescopus* possède une chair très délicate et excellente.
Principales dimensions relevées sur deux individus :

Br : VII — D¹ : 7 — D² : 1 + 11 — P : 21 — V : 1 + 5 — A : 2 + 9
Br : VII — D¹ : 7 — D² : 1 + 10 — P : 22 — V : 1 + 5 — A : 2 + 9

Longueur totale	550	600
Longueur de la tête	155	174
— mâchoire inférieure	63	
— — supérieure	55	
Diamètre de l'œil	53	60
Espace interorbitaire	73	60
— préorbitaire		47
Longueur de la base de la 1ᵉ dorsale	62	
— — 2ᵉ —	52	
— — l'anale	45	
Longueur de la pectorale	78	
— ventrale	67	
Dist. du museau à l'origine de la 1ᵉ dorsale	180	204
— — 2ᵉ —	270	305
— — pectorale	161	
— anus	293	
Hauteur maxima du corps	111	135
Epaisseur maxima du corps	85	96
Hauteur minima du tronçon caudal	42	

La figure donnée par Moreau est assez bonne, à cela près que les exem
plaires sont tous un peu plus renflés et trapus et que les écailles mo
grandes sont plus nombreuses que ne l'indique cette figure (4/1/12 dans
rangée transversale). Celle de Holt et Calderwood est franchement mauv
car l'orbite n'entame pas le profil supérieur de la tête, le corps
beaucoup plus trapu à l'avant ; le museau ne se termine point par un abr
la pectorale est plus longue que le diamètre de l'orbite, la première dor
a une base plus longue que la seconde et surtout que l'anale. Enfin le p
percule est tout à fait mal représenté.

Evermann et Marsh (The fishes of Porto-Rico. Bull. U. S. Fish Com
XX. 1900 (1902) placent le genre *Epigonus* dans la famille des *Cheilodipter*
qui sont caractérisés par le corps oblong ou allongé, couvert d'écailles a
grandes, striées, cténoïdes ou parfois cycloïdes ; joues écailleuses ; ligne l
rale continue ; bouche grande oblique ; dents villiformes sur les mâcho

et le vomer parfois sur les palatins ; parfois des canines : préopercule avec double crête, son bord étant entier ou faiblement crénelé ; épine operculaire peu développée ; pharyngiens inférieurs séparés, avec dents aiguës ; pseudobranchie présente ; 6-7 branchiostèges ; 2 dorsales bien séparées, 6-9 épines assez fortes à la première ; pas de sillon dorsal ; anale courte avec 2, parfois 3-4 épines ; ventrales thoraciques à 1 + 5 rayons sans écaille axillaire.

Callanthias peloritanus (Cocco).

Bodianus peloritanus. — Cocco. *Gion. di scienze* p. 138. Palerme 1829.

Anthias peloritanus. — Cocco. Indice ittiol. mar. Messina (mss cité par Moreau).

Anthias buphthalmus. — Bonaparte. Cat. n⁰ 491. —

Callanthias paradisœus. — Lowe. Fish Madeira p. 13 ; pl. 3.

Callanthias peloritanus. — Lowe. Fishes of Madeira p. 13 pl. 3. 1860.— Gunther. Cat. fishes Brit. Mus. 1 p. 87. — Canestrini. Fauna italica p. 77.— Moreau. Poissons de la France II p. 377. fig. 123.

Si cette espèce très rare n'est pas une acquisition complètement nouvelle pour la faune de l'Atlantique, elle n'avait jamais été signalée sur les côtes occidentales d'Europe, mais seulement dans les eaux de Madère (Lowe).

Elle n'est guère connue que par des spécimens venant de la Méditerranée. Goode et Bean l'ont omise dans leur révision des poissons habitant les profondeurs de l'Atlantique.

Nous en avons en mains deux exemplaires provenant des parages de la Corogne (100 brasses de fond environ) et qui nous sont parvenus frais et en parfait état, l'un en mai, l'autre en septembre 1903. La description détaillée de Moreau est infidèle sur beaucoup de points, et il importe de la rectifier.

Par sa coloration et la forme générale du corps, le *Callanthias* rappelle vivement le surmulet, mais la bouche est plus inclinée vers le haut, et le tronçon caudal, plus élevé, ne s'étrangle que d'une façon insensible avant de se terminer presque carrément. Enfin la caudale se prolonge par deux filaments ayant au moins la moitié de la longueur du corps. La hauteur du tronc est comprise trois fois et demie dans la longueur du corps, caudale non comprise ; l'anus est juste à égale distance de la caudale et du bout du museau. Les écailles sont grandes, fortes, très adhérentes et très rugueuses car leur surface libre est couverte de spinules ; de l'angle de l'opercule à la queue nous avons compté 40 écailles et il y en a 13 rangées dans le sens transversal.

La tête est écailleuse, même sur les pièces operculaires et jusqu'à la lèv
exclusivement ; sa longueur est légèrement inférieure à la hauteur maxin
du corps. Il n'y a pas de crête sur l'espace interorbitaire. La machoire sup
rieure nettement protractile s'avance de $6^m/_m$ quand la bouche est complèt
ment ouverte : elle forme une voûte rectangulaire et présente en arrière
voile très développé ; les intermaxillaires portent une bande de petites den
crochues, et aux angles antero-externes on remarque de chaque côté de
canines assez développées et une troisième plus faible, non saillantes
dehors. La mandibule porte également une bande de dents crochues, do
quelques-unes assez fortes vers le milieu de chaque mandibule ; en deho
de cette bande et sur le bord externe de la machoire il existe de chaque cô
deux canines assez fortes qui sont couchées horizontalement et dirigées ve
l'avant et un peu vers l'extérieur. Les palatins et le vomer sont dentés,
dernier même assez fortement et nous ne pouvons nous expliquer l'erreur
Moreau à ce sujet, après les observations correctes de Bonaparte et de Low

L'œil est grand, arrondi ; son diamètre est double de l'espace préorb
taire et un peu supérieur à l'espace interorbitaire : il est compris deux fc
et demie, ou deux fois trois quarts dans la longueur de la tête. L'œil
assez éloigné ($5^m/_m$) du profil supérieur de la tête. Comme le remarq
Moreau, il existe des pores perceptibles sur le pourtour antérieur et inférie
de l'orbite.

Nous n'avons pas vu la pointe mousse du sous-orbitaire signalée p
Moreau. La narine postérieure forme une courte boutonnière tout cont
l'orbite. La narine antérieure est un pore beaucoup plus rapproché de
lèvre que de l'orbite et sur un niveau un peu plus bas que la postérieur
L'opercule présente deux crêtes osseuses qui ne font point saillie au deho
mais sont extrêmement visibles par transparence et qui se terminent
pointe à quelque distance du bord, l'inférieure étant la plus forte. De mêr
le préopercule ne présente aucune saillie ou crénelure perceptible au touche
mais il est traversé par trois arêtes osseuses qui se distinguent par transp
rence, deux sur le bord inférieur et la troisième qui est courbe, à l'ang
inféro-postérieur.

Le *Callanthias* ne possède que 6 rayons branchiostèges ce qui est exce
tionnel chez les *Percidés*, ce chiffre se rencontre pourtant dans le gen
américain *Dules* de la tribu des *Serraniniens*.

La ligne latérale débute à l'angle supérieur de l'opercule et monte ve
l'origine de la dorsale en présentant d'abord sa convexité vers le bas : el
suit ensuite de très près la dorsale et se termine brusquement vers l'arriè
en même temps que celle-ci.

La dorsale débute juste au-dessus de la pectorale ; elle est logée dans un sillon où elle peut se rabattre complètement, sauf dans sa partie postérieure ; nous y trouvons 11 rayons épineux qui vont régulièrement en croissant du premier au dernier, les deux premières épines ayant des insertions contigües. La nageoire se continue par 10 rayons mous dont le quatrième est le plus grand ; les rayons sont d'un beau jaune vif, ainsi que la membrane d'union, celle-ci étant marquée, en outre, de quelques taches arrondies, roses ou saumonnées, vers sa base. La pectorale présente une large insertion, elle est brièvement tronquée et compte 19 rayons dont les médians sont les plus grands.

Les ventrales sont placées juste au-dessous des pectorales et se terminent en arrière à l'anus : elles ont un rayon épineux et 5 rayons mous dont le dernier n'est pas soudé au corps : entre leurs bases se trouve un écusson écailleux qui se termine par une longue écaille impaire.

L'anale commence aussitôt après l'anus et finit en même temps que la dorsale : comme celle-ci, elle se dissimule en partie dans un sillon qui d'ailleurs ne dépasse pas sa base en arrière : on y compte trois épines et 10 rayons mous ; le bord de la membrane est jaune, sauf sur le dernier rayon où il est saumonné.

Le tronçon caudal, très haut, est coupé presque carrément en arrière, mais les écailles se prolongent jusque sur la base des rayons de la caudale. Celle-ci est très remarquable car elle se termine par deux longs rubans qui mesurent jusqu'à 9 centimètres sur un individu ayant 167$^{m/m}$ de longueur, caudale non comprise. Sur un autre individu ces rubans sont plus courts et s'effilent rapidement, mais sur le premier le ruban inférieur reste large jusqu'au bout, tandis que le supérieur, large pendant 6 centimètres, s'atténue ensuite pour devenir un simple fil. Les bords de la caudale sont formés par des rayons épineux courts au nombre de 6 à 8 sur chaque bord ; cette disposition rappelle ce qu'on observe sur la caudale du *Beryx decadactylus*.

La coloration est rose vif, presque cerise sur la tête et sur la partie supérieure du corps, entre la dorsale et la ligne latérale ; les flancs sont un peu plus pâles et légèrement orangés, la dorsale et l'anale sont d'un beau jaune ainsi que la caudale ; les ventrales sont plus pâles, et les pectorales plus orangées.

Le dessin de Moreau présente quelques erreurs tout en demeurant fort reconnaissable : la base de la pectorale y est trop étroite, le tronçon caudal trop étranglé puisque le dessinateur lui donne comme hauteur le diamètre de l'œil, alors qu'il vaut deux fois et deux tiers ce diamètre ; la ligne latérale dans sa région antérieure est représentée comme convexe vers le haut. Les

rayons épineux aux deux bords de la caudale sont trop peu nombreux; enfin
les rubans si remarquables qui terminent cette nageoire y sont singuliè
rement abrégés.

Nous avons relevé sur nos exemplaires les caractéristiques et dimension
suivantes :

Br: VI — D: 11+10 — P: 19 — V: 1+5 — A: 3+10 — C: 7/8+15+7

Longueur du corps, caudale non comprise..........	167 $^{m/m}$
Longueur de la tête.............................	44
Hauteur maxima du corps	47
» minima du tronçon caudal................	43
Diamètre de l'œil................................	16
Espace interorbitaire	14
» préorbitaire............................	8
Du bout du museau à l'anus	89
De l'anus à l'origine de la caudale................	89
Longueur de base de la dorsale	87
» » de l'anale.....................	43
» maxima de la caudale...................	90 + ?

Moreau avait rangé le *Callanthias* parmi ses *Serraniniens* auxquels i
donnait une définition très étendue, mais la diversité des types qu'il y range
l'extrême abondance des formes américaines qui rentreraient dans cette trib
exige une classification plus détaillée.

En observant celle que donnent Evermann et Marsh (The fishes of Port
Rico) le *Callanthias* reste dans les *Serranidæ* : il échappe à la tribu de
Anthinæ dont il se rapproche pourtant beaucoup ; il se rapprocherait plutô
des *Gramminæ* à cause de l'interruption brusque de sa ligne latérale : mai
dans le genre *Gramma* cette ligne interrompue recommence sur le pédoncul
caudal. Il paraît donc constituer le type d'une tribu distincte.

Beryx decadactylus Cuvier et Valenciennes

Beryx decadactylus. — Cuvier et Valenciennes. Hist. nat. poissons III
p. 222 ; 1829 — Löwe, *Trans. Zool. Soc. London III ; p. I.* — Valenciennes i
Webb et Berthelot. Ichth. des îles Canaries p. 13 ; pl. 4. 1836. — Gunthei
Cat. fishes Brit. Mus. I ; 16. — Gunther. Challenger report. XXII; p. 33. —
Steindachner. *Denks. Akad. Wiss. Wien. XLVII. p. 220 et LVI p. 603.* — Brit
Capello. Cat. Peixes de Portugal, *Jorn. sc. Lisbonne 1867 et 1884.* — Good

et BEAN. Deep sea fishes Atlantic Basin. p. 175. — SMITT. Scandinavian fishes p. 67. — MOREAU. Poissons de France. Supplément p. 30.

Urocentrus ruber. — DUBEN ET KOREN. *Ofvers. Vet. Akad forh. 1844 p. 111.*

Beryx borealis. — DUBEN ET KOREN. *Vet. Akad. Handl. 1844.* NILSSON. Skand. Fn. Fisk. p. 37. — COLLETT. *Vid. Selsk. Christiania forh. 1874.* — LILLJEBORG. Sv. Norg. Fn., Fisk. vol I; p. 76. — COLLETT. *Vid. Selsk. Christ. Forh. 1884.*

On connaît quatre espèces du genre *Beryx* (cinq d'après Gunther) formant deux groupes distincts par leur habitat : *B. lineatus* et *B. affinis* appartiennent à la faune australienne ; *B. decadactylus* et *B. splendens* plus cosmopolites vivent d'une part dans l'Atlantique et d'autre part dans les eaux du Japon. Quant à l'espèce douteuse *B. delphini* qui vient de l'Océan indien, elle paraît représenter une forme jeune de *B. decadactylus.* Pareillement Collett a définitivement ramené à cette dernière espèce le *B. borealis* de Düben et Koren.

Smitt incline même à croire que *B. decadactylus* et *B. splendens* forment une seule et même espèce, le second étant le jeune du premier : « Si l'on
» examine les caractères donnés pour *B. splendens* par Lowe et Steindachner
» — la forme plus basse du corps, le dos relativement droit, la courte base
» de la dorsale, les longues pectorales, les grands yeux, le moindre nombre
» des rayons mous à la dorsale, l'augmentation possible du nombre des
» rayons aux ventrales, — si l'on observe la complète similitude de couleur
» signalée pour les deux "espèces" par Steindachner, le fait que *Beryx*
» *splendens* est toujours de moindre taille, et enfin le fait que les deux
» espèces se rencontrent complètement identiques (à elles mêmes) en deux
» régions aussi éloignées que l'Atlantique et le Japon, il est évident qu'il y a
» des raisons suffisantes pour soupçonner la possibilité d'une réduction nou-
» velle dans le nombre des espèces ».

Il nous est impossible d'adopter l'interprétation de Smitt : ayant eu la bonne fortune de recevoir simultanément les représentants des deux espèces, nous y avons retrouvé les caractères distinctifs signalés par les auteurs, admis par Smitt lui-même, et ils nous paraissent tels que le passage d'une forme à l'autre demeure bien improbable. Nos spécimens sont : un individu mesurant 27 centimètres de long, qui nous est arrivé en avril ou au début de mai 1903, et que nous rapportons à *B. splendens,* un autre mesurant 45 centimètres, arrivé dans nos mains le 12 mai 1903, un autre, enfin, qui mesurait 53 centimètres, pesait 2 kil. 550, et qui nous a été remis le 25 mai: nous rapportons ces deux derniers à *B. decadactylus.* D'autres individus, généralement de grande taille, ont été offerts par les pêcheurs à diverses

personnes, et celles qui en ont mangé leur ont trouvé une chair tr
délicate.

Le *B. decadactylus* est pêché de temps en temps par les Espagnols et l
Portugais, qui le nomment Imperador. C'est un poisson superbe, écarlate
rose, très brillant, très ferme, avec un revêtement d'écailles apres, disposé
en rangées régulières.

Le corps est élevé et comprimé, sa hauteur étant plus du tiers (envir
36 centièmes) de la longueur totale ; sa silhouette est figurée assez exac
ment dans un dessin de Duben et Koren reproduit par Smitt, à cela pr
que la ligne dorsale présente une courbure plus régulière depuis le fro
jusqu'à la fin de la dorsale. Les masses musculaires occipitales, très dé
loppées, s'avancent presque jusqu'au niveau du bord antérieur de l'orbite.

Le pédoncule caudal est un peu plus étroit que le diamètre de l'orbite,
vaut très exactement le quart de la hauteur maxima du corps. Contrai
ment aux indications de Cuvier, la tête est plus courte que la hauteur
corps, elle en représente sept dixièmes environ pour nos deux exemplai
(7 à 9 dixièmes environ d'après Lowe). Cette tête est très remarquable p
la dimension des yeux qui viennent toucher au profil supérieur, et surto
par son revêtement spécial : on y distingue, en effet, des crêtes minc
osseuses, dentelées (les denticulations étant parfois arasées) entre lesquell
se trouve tendue une peau assez dure privée d'écailles et perforée d'un gra
nombre de pores : entre les crêtes et sous cette peau se trouvent des espa
vides, et la tête présente ainsi une structure celluleuse qui se retrou
d'ailleurs plus nettement encore dans un autre genre de *Berycidès*, le gen
Hoplostethus.

Parmi ces crêtes, les plus remarquables sont les suivantes : une crête q
fait le tour de l'orbite, sa branche supérieure (bord du frontal) se termina
au-dessus de la narine postérieure, sa branche inférieure (bord du so
orbitaire) se terminant en avant à une robuste épine dirigée vers l'arrière
d'ailleurs émoussée par l'usure : cette épine se trouve au-dessous de la nari
antérieure, vers l'angle antéro-externe de la machoire supérieure.

Sur le haut de la tête, une crête suit d'assez près le bord de la régi
écailleuse, mais elle se poursuit plus en avant et presque jusqu'au bout
museau en se rapprochant de sa symétrique; il existe du reste une crête
jonction transversale au-dessus de la narine postérieure ; autre crête acc
soire horizontale au-dessus de l'orbite entre la sus-orbitaire et la crête su
rieure.

Entre l'orbite et la machoire supérieure on retrouve une grande cell
allongée : la peau qui la recouvre cache le maxillaire dans sa région moyen

et présente à son bord inférieur une nouvelle crête rugueuse parallèle à la sous-orbitaire.

La partie postérieure du maxillaire qui est libre, possède une très large crête osseuse et rugueuse, puis deux crêtes minces et dentelées situées un peu plus bas.

Sous la machoire inférieure cinq crêtes plus ou moins arasées et d'inégales longueurs divergent du bout du museau. Une autre part du bord inférieur vers son milieu et rejoint la région articulaire : en ce dernier point, l'hyoïde forme une protubérance osseuse qui se trouve arasée.

Les joues sont écailleuses sauf peut-être sur le préopercule. Cette région est aussi richement pourvue de crêtes épineuses. Nous en trouvons une première très développée en avant du préopercule, suivant le bord du suspenseur commun ; elle est particulièrement dentée à son angle postérieur ; de ce point partent deux crêtes presque parallèles et horizontales qui traversent le préopercule et aboutissent à son angle postérieur. Denticulés aussi les bords libres du préopercule, surtout l'inférieur, et de l'interopercule. Quant à l'opercule et au sous-opercule ils n'offrent rien de pareil et leur bord est noyé dans une membrane. L'opercule est traversé horizontalement par une crête robuste que l'on distingue même au travers de l'écaillure : au-dessus de cette crête, le limbe osseux de l'opercule présente une échancrure très nette. Il semble qu'il y ait eu des crêtes, voire même une paire d'épines au bord extrême du museau, mais elles seraient arasées ; nous n'avons pu trouver trace de l'épine sus-orbitaire figurée par Smitt. On observe des dents aigües, légèrement crochues, nombreuses et serrées sur les machoires, les palatins et le vomer : la langue est simplement couverte de papilles apres.

Les narines sont arrondies, assez grandes : la postérieure étant la plus élevée.

L'anus se trouve à égale distance du bout du museau et de l'origine de la caudale.

Les nageoires présentent toutes quelques caractères primitifs qui n'ont rien de surprenant quand on songe que le genre existe au moins depuis la période crétacée : la dorsale est unique, très élevée, surtout à son tiers antérieur ; il est difficile d'indiquer la limite entre les rayons épineux et les rayons mous car on passe graduellement des uns aux autres : sur chacun de nos individus leur nombre total est de 22 (IV,18) les deux premières épines étant courtes, le plus grand rayon étant le 6ᵉ ou le 7ᵉ. Cette nageoire est portée sur une base charnue et écailleuse, plus longue que la tête, assez élevée et qui se termine en arrière par un abrupt (4 ou 5 millimètres) non figuré sur le dessin de Smitt.

L'anale est plus longue d'un quart que la dorsale : elle offre la même forme et possède 4 rayons épineux et 28 rayons mous. Ces rayons épineux offrent une carène en avant, une gouttière en arrière. Elle commence avant l'extrémité des ventrales et notablement en arrière de l'anus ; par rapport à la dorsale, elle commence sous le douzième ou le treizième rayon de cette nageoire, et son milieu est sensiblement en arrière de la fin de la dorsale.

Les pectorales s'insèrent horizontalement par une base large et rectiligne : elles possèdent 1 épine et 15 rayons mous comme l'indique Collett et non pas 2 épines et 15 rayons mous comme le dit Steindachner ou 2 épines et 14 rayons mous comme le rapporte Smitt. Ces nageoires sont très longues et assez larges et leur pointe sur nos exemplaires arrive à la dix-huitième écaille de la ligne latérale. Les ventrales commencent sous la partie arrière de l'aisselle des pectorales : elles sont assez écartées l'une de l'autre et bien horizontales : on y trouve un long rayon épineux externe et 10 rayons mous dont le plus long atteint par son extrémité le cinquième rayon de l'anale. On observe à l'aisselle de la ventrale une curieuse écaille très grande, surtout très longue, pliée en deux de façon à s'appliquer par sa moitié supérieure à la paroi du corps, et par son autre moitié à la face supérieure de la nageoire.

La caudale est grande, robuste très fourchue : elle commence sur ses deux bords par une file de rayons extrêmement durs et aigus qui vont en grandissant d'avant en arrière, 5 au bord supérieur, 3 ou 4 au bord inférieur. Entre ces deux séries d'aiguillons, on compte une vingtaine de rayons ordidaires. Les écailles ne vont pas très loin sur la caudale, mais celles de la ligne latérale s'y poursuivent presque jusqu'au fond de l'échancrure, et cette disposition curieuse, non figurée par Smitt se trouve sur la planche de *B. splendens* donnée par Goode et Bean (*loc. cit.* Pl. LIII. fig. 197).

On a suffisamment décrit les écailles cténoïdes des *Berycidés* avec leurs nombreuses spinules, leur carène médiane qui est plutôt un sillon, leur disposition régulière. Nous avons compté 64-66 écailles dans la ligne latérale, 11 rangées longitudinales au-dessus de cette ligne et 20 au-dessous.

Nous avons relevé quelques dimensions que nous donnerons à propos de *B. splendens*, de manière à faciliter la comparaison des deux espèces.

Beryx splendens. Löwe.

Beryx splendens. — Löwe. *Proc. Zool. Soc. London p. 142 ; 1833.* — Löwe. *Cambridge Phil. Trans. VI ; p. 197.* — Günther. *Ann. Mag. Nat. Hist. I.; p. 485. 1878.* — Günther. *Challenger Report XXII. p. 33.* — Hilgendorf. *Sitz. Gesellsch. Naturg. Freunde. Berlin p. 78. 1879.* — Stein-

Dachner. *Denkschr. Akad. Wiss. Wien. XLVII. p. 221.* — Goode et Bean. Deep sea fishes Atlantic Basin p. 176 Pl. LIII. fig 197.

Cette espèce a été trouvée partout où l'on rencontre le *B. decadactylus*; pourtant on ne l'a pas encore signalée sur la côte d'Espagne. Löwe à péché simultanément les deux espèces dans les eaux de Madère, où les pêcheurs le distinguent fort bien sous les noms d'*Alfonsin à Casta cumprida* (*B. splendens*) et *Alfonsin à Casta larga* (*B. decadactylus*) la première forme est toujours petite, pâle, avec l'intérieur de la bouche rouge vif, l'autre est grande, d'un rouge éclatant, avec l'intérieur de la bouche pâle; ces caractères ne suffisent pas évidemment à établir la spécificité; l'observation singulière que rapporte Löwe ne serait pas plus probante à ce point de vue (les viscères de *B. splendens* se décomposent avec une extrême rapidité, alors que la chair demeure parfaitement fraîche, tandis que les viscères de *B. decadactylus* se conservent fort bien): l'on pourrait enfin avec Smitt admettre d'assez grandes variations de la forme et des proportions, suivant l'âge, pour justifier la réunion des deux espèces. Mais il serait bien extraordinaire que Löwe ayant de nombreux exemplaires entre les mains n'eut pas trouvé quelque forme intermédiaire. Il est d'ailleurs inexact que *B. splendens* soit toujours plus petit que *B. decadactylus*, puisque Steindachner en a signalé un de 397 millimètres : Notre exemplaire qui mesure 270 centimètres n'est pas d'ailleurs beaucoup plus petit que le *B. decadactylus* de Bergen, l'ancien type de *B. borealis* qui mesure 29 centimètres et les diffrences entre eux restent formelles. Nous croyons donc qu'elles sont irréductibles. Les principales sont les suivantes : il y aurait d'après Goode et Bean 64-65 écailles dans la ligne latérale de *B. decadactylus* et 71-76 dans celle de *B. splendens;* nous avons trouvé respectivement 64-66 et 74 ou 76 ; il y aurait à la dorsale d'après les mêmes auteurs IV, 16-19 rayons pour *B. decadactylus* et IV, 13-15 (IV, 15-16 d'après Günther) pour *B. splendens*; nous avons trouvé respectivement IV, 18 et IV, 14. Aux pectorales nous avons compté I, 15 rayons pour *B. decadactylus* et I, 17 pour *B. splendens :* enfin ce dernier avait aussi un rayon de plus que l'autre à la ventrale.

L'anale a dans tous les cas le même nombre de rayons: mais dans la petite espèce, elle excède de moitié la longueur de la dorsale au lieu d'un quart : Nous avons dit que l'anale de *B. decadactylus* s'insère sous le douzième ou treizième rayon de la dorsale c'est-à-dire vers le milieu de cette nageoire, et que son milieu était un peu en arrière de la fin de la dorsale: Nilsson constate expressément que sur le type de Duben et Koren, qui mesure 29 centimètres seulement, l'anale commence sous le milieu de la dorsale; or, nous observons sur *B. splendens* que l'anale commence sous le dernier rayon de la dorsale : ce dernier caractère distinctif est relevé correctement par Goode et Bean, et il nous paraît établir de façon décisive la validité des deux espèces. Pour le surplus nous n'avons relevé entre elles que des différences infimes, une moindre usure des crêtes dentelées et surtout de l'épine préorbitaire qui est ici longue, aigüe et nettement inclinée vers l'œil ; les ventrales se terminent à la première épine de l'anale : enfin le corps est moins élevé, plus losangique que dans *B. decadactylus.* Il n'en faudrait pas juger pourtant par la planche de Goode et Bean, qui nous paraît fort mauvaise au moins par ses contours. Elle indique en particulier, et conformément au texte, une hauteur du corps comprise trois fois et demie dans la longueur totale, et égale à la longueur de la tête ; elle a du être exécutée d'après un individu capturé par l'Albatros dans l'Atlantique occidental.

Nous donnons quelques dimensions relevées sur nos individus, et pour faciliter la comparaison, nous les avons réduites dans la droite du tableau en centièmes de la longueur totale. On y remarquera surtout la brièveté de la dorsale de *B. splendens.*

	DIMENSIONS ABSOLUES			EN CENTIÈMES DE LA LONGUEUR		
	B. decadactylus		B. splendens	B. decadactylus		B. splendens
Longueur totale................	450	530	270	»	»	»
Hauteur maxima du corps.......	163	194	81	36,2	36,6	32,6
Hauteur du pédoncule caudal...	40	48	22	0,89	0,91	0,82
Longueur de la tête............	112	140	75	24,9	26,5	27,8
Longueur du maxillaire........	63	72	39	14,0	13,6	14,4
Diamètre de l'orbite...........	46	51	31	1,02	0,96	1,15
Diamètre de la pupille.........	20	26	16	0,44	0,49	0,59
Longueur de base de la dorsale.	99	114	44	22,0	21,5	16,3
Longueur de base de l'anale	125	146	66	27,8	27,5	24,4
Longueur de la pectorale........	102	107	60	22,7	20,2	22,2
Longueur de la ventrale	80	90	45	17,8	17	16,7

Molva byrkelange WALBAUM

Gadus byrkelange. WALBAUM. Artedis genera Piscium III ; p. 135 ; 1792.
— *(Molva)* COLLETT. Norges Fiske. *Vidensk selesk forh. f. 1874* p. 116 Chris-
tiania (1875). COLLETT. *Norges Mag. Naturv. Christiania p. 84 ; vol. 29 ; 1884* —
MALM. Gbsg. Bohuslan Fn. p. 492 — MELA. Vert. Fenn p. 302 : tab. IX. —
(Lota) STORM. *Nordsk. Vid. Selsk. skr. Trondhjem p. 35; 1883.* — *(Molva)* LILLJE-
BORG. Sverig. Norg. Fisk ; pt. 2 p. 139 — HANSEN. Zool. Dan. Fiske p. 83.
tab. X. — GOODE ET BEAN, Deep sea fishes of the Atlantic basin, p. 365 ; 1896.
Gadus dipterygius. PENNANT Introd. Arct. Zool. Ed. II ; vol. I ; p. CXXIV·
1812.
Gadus danicus. MULLER. Zool. Dan. Prodr. p. 42 ; 1776. — LACÉPÈDE ;
T. IV ; p. 204 ; 1800.
Gadus abyssorum NILSSON. Prodr. Icht. Scand. p. 46 ; 1832 — *(Lota)*
KROYER Danm. Fiske vol. 2 p. 167 — *(Molva)* NILSSON Skand. Fn. Fisk. p.
577 (1852) — GUNTHER. Cat. fishes Brit. Mus. IV ; p. 362.
Molua dipterygia. SUNDEWALL ET SMITT in Smitt Scandinav. fishes p.
521. pl. 26.

Variété : Molva byrkelange elongata (RISSO) NOBIS.

Gadus elongatus. OTTO. Conspectus (fide CARUS, GOODE & BEAN, etc.),
Gädus molva. RISSO. Icht. de Nice p. 119 Paris 1810.
Phycis macrophthalmus RAFINESQUE. Caratteri... Palerme 1810.
Lotta elongata RISSO, Hist. Nat. t. III ; p. 217 ; fig 47. — *(Lota)* BONA-
PARTE. Cat. nº 366 — CANESTRINI Arch. Zool. t. II. ; p. 367 — MOREAU.
Poissons de France, t. III ; p. 260.
Molva macrophthalma. COSTA. Fauna del Regni di Napoli.
Molva elongata. GUNTHER Cat. Fishes Brit. Mus. t. IV. p. 362. — CANESTRINI
Fn. Ital. p. 157 — GIGLIOLI Elenco di Mammif... p. 37 ; 1880. — DE BRITO
CAPELLO. Cat. dos Peixes de Portugal 1868 — LOPES VIEIRA *Annaes de*
Scienciaes Naturaes, Porto 1894. — GOODE ET BEAN, *loc. cit.* p. 365.
Molua dipterygia. KŒHLER. Campagne du Caudan.

Nous avons cru devoir réunir en une seule deux espèces sur la validité
desquelles on avait élevé maintes fois les doutes les plus sérieux. La *Molva*

byrkelange (Walbaum) et la *Molva elongata* (Otto-Risso). La première habite les fjords profonds de la côte norwégienne surtout entre Bergen et le Varanger fjord : on la trouve parfois au Sud de cette région, dans le Skagerrak et jusque sur la côte de Bohuslän, mais jamais dans la Baltique ; d'autre part elle ne semble pas dépasser Stavanger à l'Est. Enfin et d'après Collett on la prend en grande abondance sur certains fonds de pêche à morues au large de la côte norwégienne. Elle est connue depuis longtemps sous le nom de *Byrke-lange* (Ström. J. — Beschreibung eines Norwegischen fisches Bürkelange — Drontheim Gesellsch. Schr. Th. 3. 1767 p. 409), et constitue une sorte commerciale estimée.

La seconde espèce que nous considérons comme une variété de la première, c'est la *M. elongata* des auteurs : elle a paru longtemps confinée dans la Méditerranée où elle fréquente les grands fonds comme sa congénère ; Risso l'a décrite pour la première fois en 1810.

Cette délimitation étroite des deux habitats, leur éloignement considérable et l'absence présumée de l'un et l'autre types dans les régions intermédiaires paraissent avoir influencé beaucoup les auteurs et ont contribué sans doute au maintien des deux espèces.

Pourtant de Brito Capello mentionne (loc. cit.) *Molva elongata* dans la liste des poissons du Musée de Lisbonne, où elle est représentée par un individu acquis au marché de cette ville ; il ne donne d'ailleurs aucun détail permettant de contrôler sa détermination. Elle figure également dans une liste des poissons de l'Algarve dressée par Chagas Roquette et Ferreiro de Almeida (1891) dans l'enquête sur la pêche Portugaise faite en 1889. Elle ne se trouve pas dans la liste révisée de Albert Girard (même enquête). Mais nous la retrouvons dans une liste des poissons de Povoa de Varzim dressée par Lopes Vieira (loc. cit.) D'autre part, pendant la croisière du Caudan, Koehler a pris par le travers de l'île d'Yeu environ, une petite lingue qu'il rapporte à *M. dipterygia*, c'est-à-dire *Molva byrkelange*. Ainsi les deux formes se rencontreraient en des parages voisins de l'Atlantique et le principal argument pour les séparer disparaît. Il est vrai que nous ne pouvons ratifier la détermination de Kœhler.

Pendant l'été de 1903, les chalutiers nous ont rapporté de la Corogne plusieurs exemplaires de petite lingue et nous avons pu les comparer à la description très minutieuse que Sundewall et Smitt ont donnée de *M. byrke-lange*.

Les deux caractères distinctifs retenus par Nilsson et Lilljeborg entre *M. byrkelange* et *M. elongata* sont les suivants : la forme méditerranéenne aurait le pédoncule caudal moins élevé que la forme norwégienne (11.3 o/o de la longueur de la tête au lieu de 13.4 à 14.2 o/o) et sa première dorsale serait plus courte (11 o/o de la longueur de la seconde dorsale au lieu de 13.5 à 15.8 o/o). Mais ces différences en les supposant exactes ont-elles une valeur spécifique? Il s'agit ici de formes qui varient beaucoup avec l'âge et beaucoup aussi d'un individu à un autre; les variations peuvent même porter sur des caractères plus importants que des longueurs ou proportions de nageoires: par exemple tous les individus examinés par Smitt et rapportés à *M. byrkelange* avaient la machoire supérieure plus longue que l'inférieure, mais Lilljeborg observe qu'on peut rencontrer la disposition inverse, et Lacépède après Muller caractérise précisément son *Gadus danicus* qui est certainement le *M. byrkelange* par la proéminence de la machoire inférieure; Nilsson signale aussi cette proéminence (1832). Pareillement l'espèce méditerranéenne aurait la machoire supérieure plus longue que l'inférieure d'après Risso, tandis que Moreau décrit et figure la disposition contraire. Tous les individus que nous avons examinés, avaient la machoire inférieure fortement proéminente.

En ce qui concerne la première dorsale, il semble bien qu'il y ait une distinction valable entre les formes méridionales et septentrionales. Ces dernières possèdent 11-14 rayons d'après Smitt, (14 d'après Nilsson 1832, 14 d'après Goode et Bean), tandis que les autres possèdent 10-12 rayons d'après Moreau (10-11 d'après Goode et Bean.) Nos exemplaires nous ont donné respectivement 10-10-10-11 rayons ; ils se rapprocheraient par là des types méditerranéens. Cette réduction du nombre des rayons entraine naturellement une réduction dans la longueur de la nageoire, et c'est ce caractère qui a frappé Nilsson et Lilljeborg : il devient encore plus sensible si l'on rapporte la première dorsale à la seconde car ces deux nageoires varient en sens inverses: ainsi d'après Smitt la première dorsale vaudrait de 13.5 à 15.8 o/o de la seconde chez *M. byrkelange* tandis que la proportion s'abaisserait à 11 o/o chez *M. elongata* d'après Nilsson et Lilljeborg : nos individus nous ont fourni des chiffres encore plus faibles, à savoir, 8,2 — 9,6 — 10 — 10,1 : ce qui les écarte absolument de *M. byrkelange* pour les placer dans *M. elongata* sinon même dans une troisième espèce ou variété.

Le second caractère invoqué nous fournit des résultats moins nets : la hauteur du pédoncule caudal exprimée en centièmes de la tête serait de 11,3 pour *M. elongata*, et de 13,4 à 14,2 pour *M. byrkelange*. Or nos individus nous ont fourni les chiffres suivants : 12,8 — 13,4 — 13,5 — 14,2 et celui du Caudan qui doit leur être assimilé comme nous le verrons tout à l'heure donne le chiffre 13,3 ; on voit qu'à cet égard les petites lingues de l'Océan se rapprochent beaucoup plus de *M. byrkelange* que de *M. elongata*, en admettant la différence signalée par Nilsson et Lilljeborg. Mais en réalité, on peut élever des critiques sur la valeur de ce caractère : si au lieu de rapporter la hauteur du pédoncule caudal à la longueur de la tête, on l'exprime en centièmes de la longueur du corps, on trouve pour les formes scandinaves 2,5 à 2,7 d'après les chiffres de Smitt, pour les formes de l'Océan 2,2 — 2,3 — 2,4 — 2,4 d'après nos mensurations et 2,1 d'après celles de Kœhler, et ces formes apparaissent bien comme ayant le pédoncule caudal un peu plus étroit que leurs congénères septentrionales. Si on admet que pour *M. elongata* la hauteur du pédoncule caudal vaut 11,3 centièmes de la tête, l'individu décrit par Moreau aurait un pédoncule caudal de 8^m/^{m}9 ce qui représenterait 2,0 centièmes de la longueur totale.

Nous retiendrons encore cette observation de Lilljeborg que les écailles de *M. elongata* présentent des stries concentriques très marquées mais pas de stries radiales, tandis que *M. byrkelange* possède à la fois les deux systèmes de stries d'où résulte une disposition réticulée, très habituelle d'ailleurs dans les *gadidès* : sous ce rapport encore les individus de la Corogne correspondent à *M. elongata*.

Nous ne nous arrêterons pas aux différences de coloration car chez les *gadidès* la couleur varie beaucoup d'un exemplaire à l'autre, ou suivant la saison, la nourriture, le fonds etc. : elle change beaucoup d'ailleurs à la mort du poisson. Parmi nos exemplaires, plusieurs étaient d'un gris plus ou moins jaunâtre, mais l'un d'eux était d'un rose sale, identique à la nuance que reproduit la planche de Smitt.

Sundeval et Smitt ont groupé dans un tableau très ingénieux les principales dimensions de *M. byrkelange* et de *M. molva* pris à différentes tailles, de manière à représenter l'évolution ontogénique de chaque espèce, et les relations phylétiques de l'une et de l'autre. Nous reproduisons ici ce tableau en y ajoutant les dimensions correspondantes de nos individus, de celui du Caudan, et d'un *M. elongata* de la Méditerranée d'après Moreau.

On y voit immédiatement que l'exemplaire du Caudan ne diffère pas beaucoup des nôtres : il a comme eux, les espaces préorbitaires et postorbitaires petits, la tête courte, la première dorsale très en avant, la pectorale relativement brève, le corps peu élevé et surtout le tronçon caudal très bas : il ne s'en distinguerait que par la position très rétrograde du début de l'anale et sans doute aussi de l'anus. Il serait intéressant pour supprimer toute hésitation de connaître la longueur respective des deux dorsales, et le nombre des rayons de la première. Nous croyons pourtant avoir dès maintenant des éléments suffisants pour attribuer l'exemplaire du Caudan à la variété *elongata*.

	M. ELONGATA Méditerranée d'après Moreau	M. DIPTERYGIA Golfe de Gascogne d'après Kœhler	M. ELONGATA Parages de la Corogne (nos exemplaires)				M. BYRKELANGE Norwège d'après Smitt — MOYENNES pour 2 petits spécimens	M. BYRKELANGE — MOYENNES pour 2 grands spécimens	M. MOLVA d'après Smitt — MOYENNES pour 2 petits spécimens	M. MOLVA — MOYENNES pour 3 grands spécimens
Longueur du corps en millimètres	443	940	807	830	835	960	606	824	319	892
1. Longueur base 1re dorsale en % de la longueur totale			4,7	5,5	5,1	5,5	7,1	8,1	10,6	11,6
2. Du museau au début de la 2e dorsale en % de la longueur totale			29,5	31,0	29,2	30,9	33,2	33,5	39,3	40
3. Du museau au début de l'anale en % de la longueur totale		42,0	40,4	39,8	39,9	40,6	41,5	41,7	46,7	48,9
4. Longueur de la tête en % de la base de l'anale			33,6	35,8	35,3	37,6	40,3	42,0	56,6	56,8
5. Grand diamètre de l'œil en % espace préorbitaire	105	72,9	70,7	83,3	79,1	65,4	76,2	67,7	61,9	47,3
6. Espace postorbitaire en % de la base de la 2e dorsale			12,5	13,3	13,9	14,5	16,5	16,9	23,2	25,2
7. Du museau au début de la 2e dorsale en % de la base de la 2e dorsale			51,3	55,9	54,7	56,6	63,5	65,3	86,4	87,6
8. Espace préorbitaire en % de la longueur totale	5,0	5,1	5,1	5,1	5,1	5,7	5,8	6,2	7	6,8
9. Longueur base 2e dorsale en % de la longueur totale			57,5	55,4	53,4	54,7	52,6	51,3	45,5	45,9
10. Hauteur tronçon caudal en % de la longueur des rayons médians		37,0	41,5	38,3	41,1	41,5	42,2	39,6	71,5	78,3
11. Hauteur tronçon caudal en % de la longueur totale	2,0[1]	2,1	2,4	2,2	2,3	2,4	2,7	2,5	4,8	4,6
12. Hauteur tronçon caudal en % de la longueur de la tête	11,3[1]	13,3	14,2	12,8	13,5	13,4	14,2	13,4	22,3	21,7
13. Longueur de la tête en % de la longueur totale	17,8	16,0	17,0	17,0	17,1	17,9	18,7	18,9	21,6	21,5
14. Du museau au début de la 1re dorsale en % de la longueur totale		21,3	23,8	24,1	23,1	24,5	25-26			
15. Espace interorbitaire en % de la long. totale	1,4	1,5	1,9	1,7	1,9	2,0	2,2			
16. Espace postorbitaire en % de la longueur totale		7,7	7,2	7,3	7,4	7,9	8,7	8,7	10,6	11,6
17. Grand diamètre de l'œil en % de la longueur de la tête	29,1	23,3	21,2	24,8	23,8	20,9	22,5-24			
18. Hauteur du tronc en % de la longueur totale	7,2	8,3		8,2	7,5		8,3-11,1		9-12,5	
19. Grand diamètre de l'œil en % de la longueur totale	5,2	3,7	3,6	4,1	4,2	3,7	4,3	4,6	4,3	3,2
20. Longueur de la pectorale en % de la longueur totale	7,9	8,6	8,7	9,4	9,1	9,2	10,2	10,5	9,2	9,2
21. Longueur de la ventrale en % de la longueur totale	12,6	10,8	13,9	14,5	14,5	12,8				
22. Longueur du plus grand rayon de la 1re dorsale en % de la longueur totale du corps			7,3	7,5	7,4	7,4	7,2-8,1			

Valeurs imprimées à cheval sur les deux colonnes M. BYRKELANGE : ligne 1 « 6,8-9,3 » ; ligne 20 « 10-11 ».

(1) Le rapport 11,8 est indiqué par Lilljeborg ; le rapport 2,0 est la combinaison du précédent avec les dimensions données par Moreau pour la tête et la longueur totale.

Les 7 premières lignes de notre tableau (nos 1-12 du tableau de Smitt) se rapportent à des caractères qui varient avec l'âge et dans le même sens pour *M. byrkelange* et *M. molva* de telle façon que *M. byrkelange* en vieillissant ressemble de plus en plus à *M. molva* jeune : en sorte que *M. byrkelange* semble représenter dans le développement phylétique un stade plus ancien que *M. molva* ; ces mêmes lignes montrent que *M. elongata* représenterait encore une stade plus primitif ; nos individus sont trop peu nombreux et leurs tailles sont trop peu variées pour que l'on puisse valablement estimer le sens de leur évolution ontogénique : pourtant si l'on prend la moyenne des chiffres relatifs aux trois premiers exemplaires (tailles de 807-830-835$^{m/m}$) et qu'on la compare au chiffre correspondant du quatrième (taille 960$^{m/m}$) il semble bien que cette évolution ontogénique se fasse dans le même sens que *M. byrkelange* et *M. molva* ainsi que dans le sens présumé de l'évolution phylogénique.

Dans les lignes suivantes 8-12 (12 à 20 du tableau de Smitt) on observe dans l'évolution ontogénique certaines anomalies qui paraissent des régressions ou retours ataviques : régression chez *M. molva* pour les caractères 8 et 9, chez *M. byrkelange* pour le caractère 10, chez toutes deux pour les caractères 11 et 12 ; on en trouverait peut-être les raisons sans trop de peine, mais il importe seulement de constater que *M. elongata* paraît toujours évoluer vers *M. byrkelange*, et que celle-ci est toujours plus primitive que *M. molva*.

Les dernières lignes du tableau ont été notées seulement à titre de documents ; pourtant certaines d'entre elles prêtent aux mêmes remarques que les précédentes et viennent fortifier nos conclusions.

Nous rappellerons enfin que le nombre des rayons à la première dorsale est de 10-11 pour *M. elongata*, 11-14 pour *M. byrkelange*, 14-16 pour *M. molva*. En résumé, *M. elongata* est très voisine de *M. byrkelange*, mais elle en demeure distincte non seulement par l'ensemble des caractères métriques mais presque pour chacun d'entre eux.

Pourtant ces différences portent sur des caractères si variables d'un individu à un autre, ou suivant l'âge d'un même individu, elles sont si faibles d'ailleurs que nous ne pouvons leur attribuer une valeur spécifique.

D'un autre côté on ne peut pas les considérer davantage comme des différences de races, attendu qu'elles dépassent la mesure des adaptations locales, et elles présentent une allure trop systématique pour résulter du simple jeu de la ségrégation.

Ces différences présentent dans leur ensemble une signification phylétique indéniable et *M. byrkelange* apparaît comme le résultat de l'évolution de *M. elongata* dans une direction déterminée qui conduit à *M. molva*. Il n'est peut-être pas indifférent de remarquer que la variété primitive appartient aux eaux de l'Europe méridionale, tandis que la variété dérivée appartient aux eaux froides de l'Europe septentrionale, comme l'espèce vers laquelle elle tend, *M. molva*.

La logique voudrait que nous prenions pour type de l'espèce la forme méditerranéenne et pour variété la forme scandinave, mais les règles de la priorité nous obligent à faire l'inverse. Nous sommes donc conduit à rectifier ainsi la synonymie.

GENUS : *Molva* NILSSON

SPECIES : *Molva byrkelange* (WALBAUM)

(*Danica — Dipterygia — Abyssorum*, AUCT).

11-16 rayons à la première dorsale, la base de cette nageoire mesurant 13,5 à 15,8 centièmes de celle de la seconde dorsale.

Habitat : la côte norwégienne et le Skagerrak au-dessous de 100 brasses.

VARIETAS NOVA : *Molva byrkelange elongata* (OTTO) CLIGNY.

(— *Elongata — Macrophthalma*, AUCT).

10-11 rayons à la première dorsale, la base de cette nageoire mesurant 8 à 10 centièmes de celle de la seconde dorsale.

Habitat : Méditerranée occidentale, côtes d'Espagne et de Portugal, golfe de Gascogne au-dessous de cent brasses.

Pour le surplus nous renvoyons aussi bien pour le type que pour la variété à l'excellente description de Smitt, sauf à modifier les proportions de *M. byrkelange elongata* conformément à notre tableau ; nous ferons en outre les quelques remarques suivantes au sujet de la variété : le barbillon est toujours dirigé vers l'avant, il est unique, mais présente latéralement un sillon qui peut déterminer facilement une déchirure et un dédoublement apparent. Il y a six canines environ de chaque côté du vomer.

La première dorsale est de forme variable, les rayons pouvant être subégaux, ou rapidement décroissants, le plus grand rayon dans ce cas dépassant de moitié ou d'un tiers la longueur de la base.

Nous avons trouvé pour la deuxième dorsale 79-72-77-77 rayons et pour l'anale 75-73-71-77 rayons.

Ces deux nageoires se terminent presque en même temps vers l'arrière, l'anale allant pourtant un peu plus loin (5 à 10$^{m/m}$) dans nos exemplaires, mais pouvant aussi s'arrêter sur la même verticale d'après Moreau. La distinction que Goode et Bean ont fondée sur ce caractère entre les deux espèces ou variétés n'a aucune valeur.

Les écailles sont ovales avec nucleus ovale faiblement excentrique, il y a des écailles accessoires nombreuses, linguiformes avec nucleus normal : nous avons déjà noté l'absence des stries radiales.

La belle planche donnée par Erdmann dans Smitt peut représenter aussi bien la variété que le type sous les réserves suivantes : la machoire inférieure dépasse nettement la supérieure ; le barbillon doit pointer en avant ; il y a entre les deux dorsales un intervalle plus marqué (un cinquième ou un sixième de la base de la première dorsale) ; la pectorale est trop élargie, elle est aussi placée trop en arrière et ne doit pas atteindre l'origine de la première dorsale ; celle-ci est d'ailleurs plus en arrière dans *M. elongata* que sur le dessin ; la seconde dorsale s'arrondit en arrière en un lobe qui dépasse l'extrémité de la base et qui porte une grande tache noire ; pareille tache se voit à l'extrémité de l'anale. Ces nageoires ont une haute bordure grise de plus en plus foncée à mesure qu'on approche du bord, et un liseré blanc sur ce bord.

Boulogne-sur-Mer. Novembre 1903.